Sommer

Rainer Crummenerl

Das will ich wissen

Der Sternenhimmel

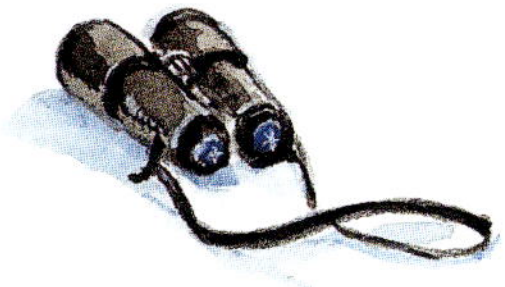

Rainer Crummenerl,
geboren 1942, studierte einige Semester Wirtschaftswissenschaften und machte dann eine Ausbildung zum Journalisten. Er arbeitete bei verschiedenen Zeitungen. Seit 1980 schreibt Rainer Crummenerl als freier Autor für Kinder und Erwachsene.

Milada Krautmann
hat ihre künstlerische Ausbildung an der Kunstgewerbeschule in Prag sowie in Brüssel und Paris erhalten. Sie arbeitet in den verschiedensten Techniken. Der größte Anteil ihrer Illustrationen ist Naturthemen gewidmet. Sie ist für zahlreiche Verlage tätig, vorwiegend im Kinder- und Jugendbuchbereich. In der Reihe »Das will ich wissen« illustrierte sie bereits die Bände »Katzen«, »Wale und Delfine«, »Sterne und Planeten«, »Haie und Raubfische«, »Erstes Reiten und Voltigieren«, »Meine Haustiere« und »Vulkane und Erdbeben«.

In neuer Rechtschreibung

2. Auflage 2005

Einband und Innenillustrationen: Milada Krautmann
Gesamtherstellung: westermann druck, Braunschweig
ISBN 3-401-05618-2

www.arena-verlag.de

Rainer Crummenerl

Das will ich wissen

Der Sternenhimmel

Mit farbigen Bildern
von Milada Krautmann

Arena

Inhalt

Einführung:

Poster zum Herausnehmen

Sternbilder

Der nächtliche Himmel ist von unzähligen Sternen übersät. Viele strahlen hell und klar, andere kann man nur mit Mühe erkennen.
Das hängt hauptsächlich davon ab, wie weit sie von unserer Erde entfernt sind.
Sterne sind Sonnen. Sie bestehen aus glühendem Gas und sind riesengroß. Unseren „Hausstern“, die Sonne, kennt jeder. Sie ist fast 100-mal größer als die Erde. Aber es gibt noch sehr viel größere Sterne.
Schon vor tausenden von Jahren haben die Menschen die hellsten Sterne zu Bildern zusammengefasst. Sie gaben ihnen Namen, die wir heute noch verwenden.

88 Sternbilder haben die Astronomen weltweit anerkannt. Sie wurden nach Menschen, Tieren oder Gegenständen benannt. Die meisten der uns geläufigen Sternbilder erhielten schon im alten Griechenland ihre Namen. Einige sind aber noch älter. Sie haben ihren Ursprung im Vorderen Orient oder im alten Ägypten.

Da die Erde einmal im Jahr um die Sonne herumwandert, sehen wir in den verschiedenen Jahreszeiten auch unterschiedliche Teile des Himmels. Deshalb zeigt uns der Frühling oder Sommer auch andere Sternbilder als der Herbst oder Winter.

Zu vielen Sternbildern haben die Menschen Geschichten erfunden. Oft gehen sie auf alte griechische Sagen und Mythen zurück. Von manchen dieser Geschichten gibt es recht unterschiedliche Fassungen. Einige der schönsten haben wir für euch aufgeschrieben.

Arion und der Delfin

Auf dem Boden des Ägäischen Meeres herrschte einst Poseidon, der griechische Gott der Meere. Mit seinem Dreizack wühlte er das Wasser auf oder glättete es. Er erregte Stürme und Erdbeben.
Poseidon hatte zahlreiche Kinder. Eines, Arion, war ein berühmter Sänger und Leierspieler. Er lebte am Königshof von Korinth. Ganz Griechenland verehrte seine Kunst.

Einmal gab Arion ein Gastspiel auf Sizilien. Überall, wo er auftrat, feierte er große Erfolge. Seine Gastgeber überhäuften ihn mit goldenen Siegespreisen.

Reich beschenkt, bestieg der Sänger schließlich wieder ein Schiff. Es sollte ihn zurück nach Korinth bringen.

Aber die Seeleute waren geblendet von seinen Schätzen. Sie beschlossen Arion zu töten und ins Meer zu werfen. Schon bald umringten die gierigen Männer den Sänger. Arion wurde bleich vor Schreck und sagte: „Ich bitte nicht um mein Leben, aber lasst mich noch ein kleines Lied zur Leier singen.“ Die Männer erlaubten es ihm.

Arion griff zur Lyra und begann ein Lied.
Die traurigen Klänge lockten Delfine an.
Sie sprangen und tauchten und umringten das Schiff.
Da stürzte sich Arion plötzlich ins Meer. Die Männer glaubten, er sei ertrunken. Sie sahen nicht, dass einer der Delfine den Sänger auf seinen Rücken nahm und an Land trug. Arion spielte dabei auf seiner Leier und besänftigte mit einem Lied die Fluten.

Bald kehrte Arion an den Königshof nach Korinth zurück. Der König freute sich sehr über seine wundersame Rettung. Wenig später lief auch das Schiff ein. Die Seeleute schworen den Sänger auf eigenen Wunsch in Sizilien zurückgelassen zu haben. Da trat Arion in seinem purpurfarbenen Künstlergewand zu ihnen. Fassungslos gestanden die Piraten ihre Schuld. König Periander ließ sie zur Strafe ans Kreuz schlagen.

Den Delfin aber haben die Götter als Dank für seine gute Tat an den Himmel versetzt. Sein Sternbild, so wollte es Göttervater Zeus, besteht aus neun Sternen.

Delfin

Das Sternbild ähnelt einem Spielzeugdrachen. Es liegt in einem sternreichen Gebiet der Milchstraße. Wegen seiner etwa gleich hellen Hauptsterne ist es gut aufzufinden. Der Delfin ist bei uns im Spätsommer bis weit in den Herbst hinein abends in halber Höhe über dem Südhorizont zu sehen.

Großer Bär

Zeus, der Götterkönig, hatte sich wieder einmal verliebt. Kallisto hieß die Schöne. Sie war keine Göttin, sondern die Tochter eines Königs. Heimlich, damit seine Gattin Hera nichts merkte,

besuchte Zeus seine neue Liebe im Palast ihres Vaters. Schließlich gebar Kallisto ihm einen Sohn, den Arkas. Dieser wuchs rasch heran. Seine große Leidenschaft war die Jagd.

Eines Tages erfuhr Hera doch von dem Verhältnis ihres Mannes. Rasend vor Zorn, verwandelte sie Kallisto in eine Bärin. Traurig irrte das plumpe Tier durch die wilden Berge. Irgendwann begegnete ihm ein junger Jäger. Kallisto erstarrte, denn es war ihr eigener Sohn. Doch Arkas erkannte seine Mutter nicht. Er sah nur einen Bären mit riesigen Klauen und scharfen Zähnen.

Schnell spannte er seinen Bogen und schoss. In diesem Augenblick griff Zeus ein. Er hatte alles beobachtet und lenkte den Pfeil zur Seite. Gleichzeitig verwandelte er auch Arkas in einen Bären.
Dann versetzte der Götterkönig die beiden als Sternbilder an den Himmel. Dort erstrahlen sie noch immer – Kallisto als Großer Bär und Arkas als Kleiner Bär.

Großer Bär

Der Große Bär ist das drittgrößte Sternbild am Himmel. Besonders bekannt sind sieben seiner Sterne. Sie bilden den berühmten Großen Wagen. In Deutschland ist er zu jeder Jahreszeit die ganze Nacht hindurch zu sehen. In klaren Nächten des späten Winters ist auch der ganze Große Bär erkennbar.

Orion

Orion war ein berühmter Jäger. Er besaß die Gabe, über Wasser laufen zu können. Eines Tages führte ihn sein Weg zur Insel Chios im Ägäischen Meer. Dort herrschte König Oinopion, der eine wunderschöne Tochter hatte. Orion verliebte sich in Merope. Er wollte sie heiraten. Dem König gefiel das nicht. Aber er versprach der Vermählung seiner Tochter zuzustimmen, sobald Orion die Insel von allen wilden Tieren befreit hätte.

Orion machte sich an die Arbeit. Tage, Wochen und Monate durchstreifte der Jäger die Wälder der Insel. Unermüdlich erlegte er Bären, Wölfe und andere gefährliche Tiere.

Nach erfolgreicher Jagd bat Orion den König um die Einlösung seines Versprechens. Doch der König verweigerte ihm seine Tochter abermals. Da versuchte Orion sich Merope mit Gewalt zu nehmen. Zur Strafe blendete ihn der König und ließ ihn an den Strand werfen. Blind tastete sich Orion durchs Meer zur Insel Lemnos. Ein hinkender Zyklop half ihm den Ort des Sonnenaufgangs zu finden. Die aufgehende Sonne heilte seine erloschenen Augen.

Später zog Orion zur Insel Kreta. Dort traf er Artemis, die Göttin der Jagd und der Tiere. Die beiden verliebten sich unsterblich ineinander. Aber Apollon, der Zwillingsbruder der Artemis, war entsetzt. Er wollte die Liebe seiner Schwester zu einem Sterblichen auf keinen Fall dulden. Rasch ersann er eine List.

Zuerst schickte Apollon Orion zum Meer. Der Jäger sollte weit draußen Fische fangen. Dann überredete er Artemis ihm ihre Treffsicherheit im Bogenschießen vorzuführen. Mit einem Trick

brachte er sie dazu, auf ein fern im Meer schwimmendes Ziel zu schießen. Ihr Pfeil traf Orion tödlich.

Schmerzerfüllt versetzte Artemis ihren Geliebten als Sternbild an den Himmel.

Orion

Das Sternbild Orion ist das hellste und wohl einprägsamste am Himmel. In Mitteleuropa ist es im Winter am besten zu sehen. Orions „Skelett“ besteht aus sieben hellen Sternen. Vier von ihnen bilden ein etwas verzerrtes Rechteck, in dessen Mitte drei gleich helle Sterne aufgereiht sind. Sie stellen den Gürtel des Jägers dar. Sein rechter Fußstern, Rigel, ist 60 000-mal so hell wie unsere Sonne.

Leier

Zeus hatte viele Söhne. Einer war Hermes, der Gott der Händler und der Diebe. Er war auch der Schutzherr der Wanderer. Deshalb trug er einen Reisehut und Flügelschuhe. Hermes war sehr vielseitig. Als Kind hat er sogar ein Musikinstrument erfunden, die Lyra oder Leier. Dazu deckte er einen Schildkrötenpanzer mit Rindshaut ab, spannte Saiten aus Tierdarm darüber – fertig war die Leier.

Die berühmte Leier wurde bald Orpheus überreicht. Er war ein großartiger Sänger. Wenig später heiratete Orpheus. Als seine junge Frau Eurydike kurz darauf im Garten spazieren ging, wurde sie von einer Schlange gebissen und starb.

Aber Orpheus wollte Eurydike unbedingt wieder ins Leben zurückholen. Entschlossen stieg er in die modrige Unterwelt hinab. Dabei spielte er

auf seiner Leier und sang über seine Trauer.
Das Lied rührte alle. Selbst Hades, der finstere
König des Schattenreichs, war beeindruckt.
Er ließ Eurydike rufen.

Erfreut wollte Orpheus seine Frau nach Hause bringen. Es gab aber eine Bedingung: Orpheus sollte vorausgehen und nicht eher zurückschauen, bis er das Tal der Toten verlassen hatte. Sonst wäre alles umsonst gewesen.
Stillschweigend stiegen Orpheus und Eurydike durch die Finsternis. Kurz vor der Grenze zur Oberwelt aber hielt Orpheus es nicht mehr aus.

Ängstlich drehte er sich um und schaute zurück zu seiner Frau. Da entschwand Eurydike – diesmal für immer.
Zum Andenken an die traurige Geschichte wurde die Leier als Sternbild an unseren Himmel gesetzt.

Leier

Die Leier ist eines der kleinsten Sternbilder am Himmel. Sie liegt am westlichen Rand der Milchstraße. Ihr Hauptstern heißt Wega. Er leuchtet blauweiß und ist der fünfthellste Stern am Himmel. Im Sommer kann man Wega als ersten Stern nach Sonnenuntergang hoch am Himmel stehen sehen.

Bootes

Ikarios war ein einfacher Bauer.
Einmal begegnete er dem Gott Dionysos.
Das war der griechische Gott der Fruchtbarkeit und des Weins. Ikarios begrüßte ihn freudig, lud ihn in sein Haus ein und bewirtete ihn reichlich. Als Dank schenkte ihm der Gott einen Rebstock.
Ikarios wurde daraufhin ein bekannter Weinbauer.

Sein Wein war schwer und gut.
Das fanden auch einige Schafhirten, denen er eine Probe seiner Kunst angeboten hatte.
Die Männer tranken so viel von dem Wein, dass sie betrunken wurden.
Sie glaubten jedoch, dass sie vergiftet worden waren.
Deshalb töteten sie Ikarios und verscharrten ihn in der Erde.
Verzweifelt suchte Ikarios' Tochter Erigone ihren Vater.
Lange irrte sie mit ihrem Hund Maria durch das Land. Maria führte sie schließlich in das Gebirge, wo Erigone den erschlagenen Ikarios fand.
Vor Schmerz erhängte sich Erigone an einem Baum.
Später wurden die Hirten gefasst und bestraft.

Ikarios, Erigone und der Hund Maria aber wurden als Sternbilder an den Himmel versetzt. Dort strahlt Ikarios als Bootes (Ochsentreiber), Erigone als Jungfrau und Maria als Kleiner Hund.

Bootes

Bootes liegt weitab vom Band der Milchstraße, südöstlich des Großen Bären. Er ist ein typisches Sternbild des Frühlings. Manche sehen in Bootes einen Papierdrachen, andere eine auf den Kopf gestellte Krawatte. Der größte Stern dieses Sternbildes heißt Arcturus. Er ist der vierthellste Stern am Himmel.

Fuhrmann

König Oinomaos von Pisa liebte die Pferde. Er besaß ein berühmtes Gestüt. Niemand gewann so viele Wagenrennen wie er.
Oinomaos hatte drei Söhne und eine Tochter. Als die schöne Hippodameia heiraten wollte, wurde der König gewarnt: Der Mann, der seine Tochter zur Frau nimmt, wird ihn töten.
Oinomaos fürchtete sich. Er wollte die Heirat unbedingt verhindern. Darum zwang er jeden Freier Hippodameias zu einem Wettrennen mit dem Pferdewagen. Sollte der Bewerber gewinnen, könnte er Hippodameia heiraten. Andernfalls musste er sterben.
Aber der König war unbesiegbar.
Seine Pferde liefen schneller als der Wind.
Zwölf Freier waren aus diesem Grund schon getötet worden.

Da bewarb sich Pelops um die schöne Hippodameia. Und Pelops hatte einen Beschützer: Der Meeresgott Poseidon lieh ihm seinen goldenen, von vier geflügelten Pferden gezogenen Wagen. Aber Pelops wollte ganz sichergehen. Er versprach dem Fuhrmann des Königs die Hälfte seines zukünftigen Königreichs und die Hochzeitsnacht mit Hippodameia, falls Oinomaos verlieren sollte. Der Fuhrmann willigte ein. Er vertauschte die Zapfen am Wagen des Königs mit wächsernen

Stiften. Und während des Rennens verlor der Königswagen die Räder. Oinomaos wurde von den rasenden Pferden zu Tode geschleift. Doch als der Fuhrmann seine vereinbarte Belohnung einfordern wollte, stieß Pelops ihn hinterrücks von einer hohen Klippe ins Meer. Daraufhin wurde der betrogene Fuhrmann als Sternbild an den Himmel versetzt.

Fuhrmann

Der Fuhrmann bildet am Himmel ein deutliches Fünfeck. Es ist an Winterabenden hoch über dem südlichen Horizont zu sehen. Sein Hauptstern Capella strahlt als sechsthellster Stern am Himmel. Der Fuhrmann teilt sich mit seinem Nachbarn, dem Sternbild Stier, einen Stern.

Schwan

Helios war der Sonnengott. Er hatte einen Sohn, Phaeton. Eines Tages kam Phaeton mit einem großen Wunsch zu seinem Vater.
Nur einmal wollte er den Sonnenwagen seines Vaters über den weiten Himmel führen.
Helios erfüllte den Wunsch seines Sohnes nur ungern. Die gewaltigen Sonnenrosse konnte nämlich nur der Sonnengott selbst im Zaum halten. Außerdem war Phaeton nicht unsterblich wie sein Vater.
Doch Phaeton ließ nicht von seinem Wunsch ab und Helios gab unglücklich nach.

Als Phaeton den Sonnenwagen auf seine tägliche Bahn führte, verlor er die Gewalt über die einherstürmenden Rosse. Der Wagen geriet aus der Sonnenbahn und begann zu brennen.

Als die wütenden Flammen die Erde bedrohten, griff der Göttervater Zeus ein. Mit einem Blitz schlug er den Wagen in Stücke. Phaeton starb auf der Stelle. Er stürzte in einen Fluss und versank.

Phaetons Schwestern, die Heliaden, beweinten ihren Bruder unaufhörlich. Ihre Trauer erbarmte die Götter. Sie verwandelten sie in Pappeln, die sich gramerfüllt über den Fluss beugten. Dabei rauschten ihre Blätter beständig und leise.

Auch von seinem besten Freund wurde Phaeton beweint. Kyknos stieg viele Male in den Fluss, um seinen Gefährten herauszuholen. Man sagte, er hätte wie ein Schwan ausgesehen, der nach Futter tauchte. Aber alle Mühe war vergebens. Kyknos' Gram wurde immer größer.

Da hob Helios den treuen Freund seines Sohnes empor und versetzte ihn als Sternbild an den Himmel – als Wahrzeichen einer aufrichtigen Freundschaft.

Schwan

Der Schwan ist ein schönes Sommersternbild. Man kann es vor dem Hintergrund der Milchstraße gut erkennen. Seine hellsten Sterne bilden das „Kreuz des Nordens". In den Schwanzfedern des Schwans leuchtet der Stern Deneb. Er ist 10 000-mal so hell wie die Sonne.

Herakles

Herakles war ein Sohn des Göttervaters Zeus. Seine Mutter hieß Alkmene. Sie war sehr schön, aber leider keine Göttin. Außerdem war Zeus schon mit der Göttermutter Hera verheiratet. Hera gefiel die Geburt des kleinen Herakles überhaupt nicht. Sie wollte ihn vernichten. Deshalb schickte sie zwei Schlangen aus, die den Säugling in seiner Wiege töten sollten.

Aber Herakles erwachte, packte die Schlangen bei den Köpfen und erwürgte sie.
Der Junge wurde immer kräftiger. Schnell lernte er den Umgang mit Waffen. Schon bald trafen seine Pfeile und sein Speer stets ins Ziel. Als er erwachsen war, konnte es keiner mehr mit ihm aufnehmen. Nun kämpfte er unermüdlich für das Wohlergehen anderer.
Aber Hera hasste ihn noch immer. Sie sandte ihm eine schwere Krankheit. In einem Anfall von Wahnsinn tötete er seine Frau und seine drei Kinder. Als er wieder zu sich kam, wollte er vor Kummer sterben. Doch stattdessen wurde ihm geraten, zwölf Jahre bei seinem Vetter Eurystheus zu dienen. Dann wäre seine Schuld getilgt.

Eurystheus stellte Herakles zwölf unlösbare Aufgaben, bei denen Herakles sterben sollte. Herakles aber löste sie alle. Und sein Ruhm stieg ins Unermessliche.
Einige dieser Taten sind am Himmel zu sehen: Herakles erwürgte den unverwundbaren Löwen von Nemea. Er tötete die neunköpfige Wasserschlange und er brachte den rasenden Stier zurück nach Kreta.

Später heiratete Herakles ein zweites Mal. Doch auch die zweite Ehe brachte ihm kein Glück. Unabsichtlich vergiftete ihn seine Frau und so fand er den Tod. Danach verliehen die Götter Herakles die Unsterblichkeit. Auch Heras Hass war nun erloschen.
Und Zeus?
Er verwandelte seinen geliebten Sohn in das Sternbild Herkules.

Herkules

Herkules ist der römische Name des griechischen Helden Herakles. So heißt auch sein Sternbild. Es kann am besten im Sommer beobachtet werden. Dann steht es hoch am Himmel, rechts neben der Leier. Herkules ist das fünftgrößte Sternbild. Es enthält keine besonders hellen Sterne.

Perseus

Perseus, Sohn des Zeus und der Danae, war ein großer Held. In jungen Jahren lebte er mit seiner Mutter als Gast bei König Polydektes. Der König begehrte die schöne Danae, doch sie wies ihn zurück. Auch Perseus forderte Polydektes auf seine Mutter künftig in Ruhe zu lassen.
Zornig beschloss der König Perseus zu vernichten. Deshalb schickte er ihn aus das Haupt der Medusa zu holen.

Die Medusa war eine der drei Gorgonen – das waren schreckliche Wesen. Sie hatten Köpfe, die von Schlangen umzüngelt waren. Mit ihrem grausigen Blick versteinerten sie jeden, der sie anschaute.
Perseus aber machte sich unerschrocken auf den Weg. Zuvor hatten ihm die Götter für sein Abenteuer wichtige Dinge geschenkt:
Flügelschuhe, eine Tarnkappe,
ein Krummschwert, einen Ranzen
und einen spiegelblanken Schild.

Mit seinen Flügelschuhen konnte Perseus schnell durch die Luft fliegen und die Gorgonen finden. Auf einem Felsen entdeckte er die schlafenden Ungeheuer. Vorsichtig näherte er sich der Medusa. Um sie nicht direkt ansehen zu müssen und zu versteinern, benutzte Perseus seinen blanken Schild als Spiegel. Dann schlug er ihr den Kopf ab. Er packte ihn in seinen Ranzen und machte sich davon.

Andromeda

Zufrieden eilte Perseus mit dem Haupt der Medusa im Ranzen hoch oben am Himmel dahin. Da sah er plötzlich ein Mädchen. Es war an einen steilen Felsen im Meer gekettet und weinte. Sie hieß Andromeda und war die Tochter des Äthiopierkönigs Kepheus und der Königin Kassiopeia. Perseus landete und fragte, was passiert sei. Da erfuhr er von Andromedas Unglück: Ihre Mutter, Kassiopeia, war eine schöne und stolze Frau.

Eines Tages rühmte sie sich schöner
als die Meeresnymphen zu sein.
Die Nymphen waren zutiefst gekränkt.
Sie beklagten sich bei dem Meeresgott Poseidon.

Der zornige Gott sandte daraufhin ein Meeresungeheuer, um das Königreich Äthiopien zu verwüsten. Tag für Tag tobte es an der Küste entlang und spie Flammen. Das Land drohte in Schutt und Asche zu versinken. Es gab nur eine Rettung: Kepheus und Kassiopeia sollten ihre Tochter Andromeda dem Seeungeheuer ausliefern. Die beiden überlegten lange. Dann beschlossen sie den Göttern zu gehorchen.

Als Perseus das hörte, versprach er Andromeda zu retten. Doch als Belohnung forderte er sie von ihren unglücklichen Eltern zur Frau. Kepheus sagte zu.

Als sich das Ungeheuer näherte, erhob sich Perseus wieder in die Lüfte. Geschickt verwirrte er es mit seinem Schatten, der auf das Wasser fiel. Dann stürzte er sich von hinten auf die Bestie und durchbohrte sie mit seinem Schwert. Andromeda war in letzter Minute gerettet.

Kassiopeia

Kassiopeia weigerte sich jedoch ihr Versprechen zu halten. Sie wollte nicht, dass Perseus und Andromeda heirateten. Am Tag der Hochzeit schickte sie daher eine bewaffnete Schar Soldaten in den Festsaal. Sie sollten Perseus töten. Die Zahl der Angreifer war riesig. In seiner Not zog Perseus das Haupt der Medusa hervor. Beim Anblick des schrecklichen Kopfes verhallte der Lärm des Kampfes mit einem Schlag. Die Eindringlinge waren zu Stein erstarrt.

In dieser Stille bannte Poseidon König Kepheus und Kassiopeia zur Strafe unter die Sterne.

Perseus und Andromeda aber heirateten und waren glücklich. Nach ihrem Tod wurden beide als Sternbilder an den Himmel gesetzt.

Kassiopeia

Kassiopeia ist eines der auffälligsten Sternbilder. In klaren Nächten ist es das ganze Jahr über zu sehen. Die fünf hellsten Sterne von Kassiopeia bilden ein krakeliges „W“. Deshalb spricht man bei diesem Sternbild oft auch vom Himmels-W. Schedir, der hellste Stern der Kassiopeia, leuchtet 200-mal heller als die Sonne.

Perseus

Perseus liegt mitten in der Milchstraße zwischen den Sternbildern Andromeda und Fuhrmann. In unseren Breiten ist Perseus das ganze Jahr über meist vollständig am Himmel zu sehen. Der Hauptstern Persei übertrifft die Leuchtkraft der Sonne um das 4000fache.

Andromeda

Andromeda kann in unseren Breiten im Herbst abends sehr hoch über dem Südhorizont gesehen werden. Der blauweiße Stern Alpheratz markiert den Kopf der angeketteten Andromeda. Er ist 72 Lichtjahre von der Erde entfernt. Ein Lichtjahr sind über neun Billionen Kilometer.

Adressen:

Es gibt viele Sternwarten und Planetarien, die tolle Programme für Kinder bieten. Hier sind einige Adressen:

Wilhelm-Foerster-Sternwarte mit Planetarium am Insulaner
Munsterdamm 90
12169 Berlin

Westfälische Volkssternwarte Recklinghausen
Stadtgarten 6
45657 Recklinghausen

Zeiss-Planetarium Jena
Am Planetarium 5
07743 Jena

Nicolaus-Copernicus-Planetarium
Am Plärrer 41
90317 Nürnberg

Planetarium im Deutschen Museum München
Museumsinsel 1
80538 München

Herbst